想去南极探险的小朋友们，快收拾好背包，和我一起去探秘南极航线，欣赏沿途风景，了解中国的科考站吧！

高爷爷，我准备好了，咱们赶紧开启南极探险之旅吧！

欢迎踏上南极之旅

左手南极，右手北极

左手南极

·探险篇·

跟着高爷爷去探险

高登义 / 著 〔波〕奥尔加·鲍默特 〔英〕伊莎贝拉·费伊 / 绘

云南出版集团 晨光出版社

为什么要去南极？

高爷爷，人们为什么要去南极？
南极小课堂
南极地区三大研究
★ 气候研究
在南极观察到的大气现象，可以帮助科学家更好地了解全球气候变化的趋势，如南极上方臭氧层的破坏会导致全球气候变暖。
★ 生物多样性研究
南极是世界上最为原始的生态系统之一，研究南极的生物可以更好地了解地球上的生命演化历史，探索生命的起源与发展。
★ 天文学研究
地球最南端的地理位置和干净透明的天空，可以帮助科学家更好地观测太空。

南极地区是科学研究的圣地。科学家发现，南极冰盖储存了上百万年来地球气候环境的历史记录，南极冰雪变化与全球气候环境变化密切相关；同时这里也是研究极光等高层大气现象的最好地方；地球上的陨石几乎都保存在南极，而陨石是研究地球以外星体演变的重要标本。

而且，南极地区有极其丰富的资源，储存的淡水约占全球的 72%，地下储藏了非常丰富的铁、煤、石油等资源。这里的磷虾非常丰富，据科学家调查，如果不破坏磷虾的生态平衡，可以捕捞的磷虾量是世界现有渔业产量的 1 倍以上。

亲爱的小朋友们，除了我说的这些，你又是为什么想去南极呢？

高登义

高登义，1939 年生人，是中国德高望重的大气物理学家，中国科学探险协会名誉主席。他热情亲切，对小朋友们尤其友好，经常到中小学讲授南极和北极的知识。

出发前的准备

南极地区主要位于南极圈以南，包括南极洲及其周边的海域。南极大陆素有“冰雪高原”之称，大部分地方覆盖着很厚的冰层，平均厚度 2000 多米。这里是全球最冷、风最大的地区，年平均风速为 17~18 米每秒，最大风速可达 100 米每秒。所以去南极探险，一定要做好防寒工作哦！

手机

虽然南极地区没有手机信号，但是可以通过卫星接收电子邮件，也可以用手机拍照。

保温杯

在寒冷的环境下，保证可以随时喝到热水。

户外保暖长袜和防水靴

保持脚部的温暖，会让你感到舒服。

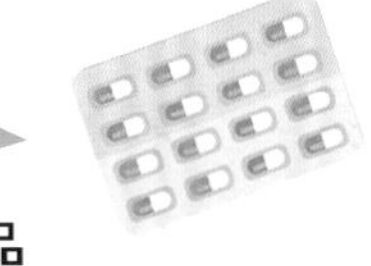

药品

如感冒药、晕船药、肠胃药等。

防晒霜

南极地区紫外线强烈，防晒成为一项必需的工作，务必准备防晒指数（SPF）足够高的防晒霜，即使是阴天也不能偷懒。嘴唇和鼻子也要遮挡住。

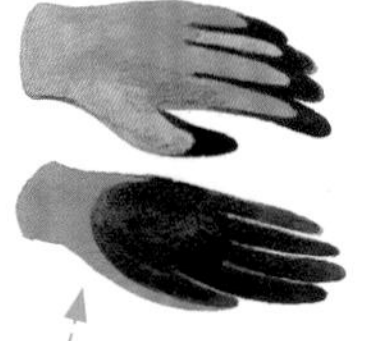

滑雪手套和薄绒手套

滑雪手套不仅保暖、防寒，而且透气、柔软、耐磨。薄绒手套可以戴在滑雪手套的里面，以便照相。

太阳镜 / UV 滑雪镜

在南极，冰面和水面的日光反射会产生大量眩光，戴上太阳镜或 UV 滑雪镜可以减少光对眼睛的伤害。

登山杖

登山杖可以在上坡时为你省力，在下坡时保护你的膝盖，十分有用。

南极小课堂

★ 签证

南极洲不隶属于任何一个国家，如果是乘飞机直接到达的话，则不需要签证。不过大部分的旅行者都会选择从阿根廷最南端的乌斯怀亚登船进入南极洲，所以需要申请阿根廷签证。

★ 时差

南极洲没有时区。大部分船只的时钟以出发港口当地的时间为准。

例如从阿根廷的港口出发，那么按阿根廷的时间来算，南极洲的时间就比北京时间慢 11 小时。

★ 货币

南极站的商店通常使用美元。

★ 出发时间

12 月至次年 2 月是南极旅游的旺季，这里每天可享受长达 20 小时的阳光。

转换插头

船上的电源插口规格与国内不同，提前准备适用的电源适配器和转换插头很重要。

充电宝

低温情况下手机等电子设备耗电很快，建议随身携带充电宝。

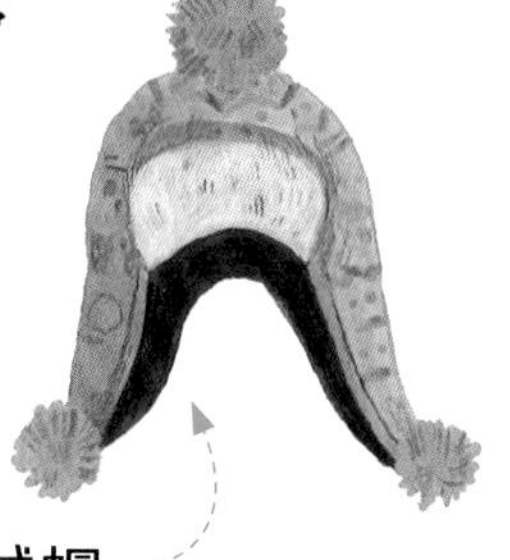

绒帽

在极寒多风的南极地区，一顶能护住耳朵的帽子很必要。

相机

在南极，随手一拍都是明信片上的风景，准备好你的相机开拍吧！

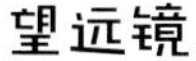

望远镜

方便你更好地观察南极的小动物们。

笔记本电脑

记录旅行中的美好。

防水背包

保证贵重物品不被水浸湿。

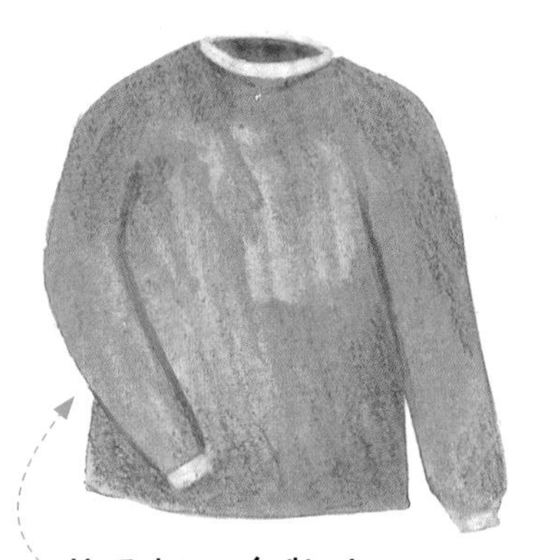

羊毛衫和套装速干服

外层的上衣和裤子一定要保暖，里层的衣裤则要能吸汗排汗，保持皮肤温暖与舒适。

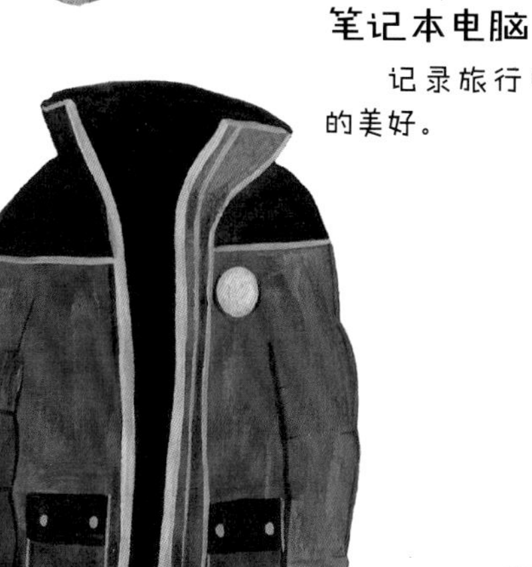

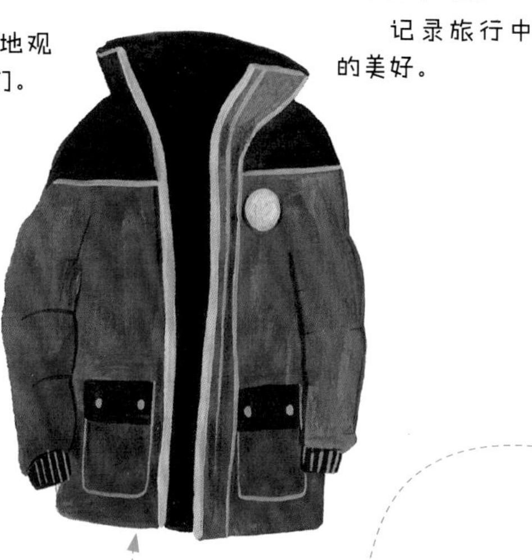

冲锋衣和防水裤

最外层的衣服和裤子一定要防风防水，一般的羽绒服可挡不住极地的凛冽寒风。

南极探险航线图

福克兰群岛

这里是南极洲冰山的漂流终点，海水非常清澈，可以看到许多海洋生物。岛内有各种奇花异草和种类丰富的海鸟。

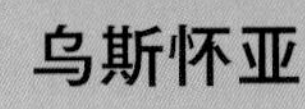

南乔治亚岛

这里是南极野生动物的天堂，是世界上最大的王企鹅聚居地，也是众多海象、海鸟的家园。

乌斯怀亚

阿根廷火地岛省的首府，与南极洲隔海相望，也是世界最南端的城市，又被称为“世界尽头”。如果你去南极洲科考或探险，乌斯怀亚作为一个自由港是非常合适的启航点和补给站。

中国南极长城站

中国于 1985 年在南极地区建成了第一个科考站——长城站。长城站并没有建在南极大陆上，而是位于南极圈外的南极半岛附近的乔治王岛上。在乔治王岛建站难度较低，也是南极地区比较容易到达且条件比较好的地方。

南设得兰群岛

这里是南极洲的火山群岛，无常住居民，只有捕鲸船在夏季定时来往。乔治岛是南设得兰群岛中最大的岛屿，很多国家的科考站都建在这里。

南极小课堂

欺骗岛

欺骗岛是南设得兰群岛的一座火山岛，岛上不仅有天然温泉，还有美轮美奂的冰川景观。之所以叫“欺骗岛”是因为在之前的很长的一段时间里，出海打鱼的渔民时而看得见它，时而又看不见。

跟着郑和船队的路线去南极

你知道吗？英国退休海军军官加文·孟席斯（Gavin Menzies）在专著《1421：中国发现世界》中提到，明代郑和船队曾在第六次远航时穿过南美洲南端的“麦哲伦海峡”，到达南极半岛的欺骗岛、南乔治亚岛。这条航线也是当今去南极旅游的主要航线。参照郑和船队走过的航线，再根据近代南极科考队多次考察走过的航线，我们确定此次探险路线为：乌斯怀亚—中国南极长城站—南设得兰群岛—南乔治亚岛—福克兰群岛（一般指马尔维纳斯群岛）—乌斯怀亚，考察时间大约需要 15 天。

南极探险守则

神秘、遥远的南极大陆就要到了。在南极探险可不是一件容易的事情，小朋友们一定要跟紧领队，听从指挥，遵守南极探险守则。

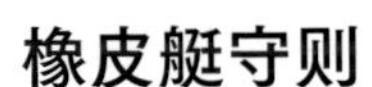

橡皮艇守则

橡皮艇是南极考察中最主要的交通工具，上下橡皮艇时一定要听指挥。比如，上橡皮艇前，要用清洁剂清洗雨鞋，不把污染物带到南极陆地；穿好救生衣，在指挥人员的牵引下，稳步登上橡皮艇；一般一条橡皮艇可以乘坐 10—12 人，原则上，上船后不许站立。

小心冰缝

在南极，即使是经验丰富的极地探险家，也要时刻提防危险的冰缝。因为冰缝被雪覆盖着，表面上看起来像一条线，实则下面是非常宽的裂缝，掉下去的后果不堪设想。所以大家一定要跟紧领队，走确认过的安全区域。

除了下面四项守则，来南极的朋友还要注意：

1. 不要做任何对南极动植物造成有害干扰的行为；
2. 不能将不属于南极本土的动物、植物和微生物带入南极；
3. 访问中国南极科考站时，应提前取得中国国家海洋局的同意。

保持干燥

在南极探险的时候，保持干燥是非常重要的防护措施，否则皮肤很容易被冻伤。这是因为南极地区的室外温度远远低于水的凝固点，如果人在此时出汗，皮肤上的水接触到室外的物品，水分凝固则会导致皮肤和物体粘在一起或汗水在皮肤上结冰，造成冻伤。

禁止采集

根据《南极条约》的成员国制定的游客指南，登陆南极大陆的人是不得采集任何东西作为纪念物品的，哪怕是一块小石头也不可以带走。

谁发现了南极？

关于是谁发现的南极，有两种观点：一种认为 1819 年，英国的威廉 · 史密斯的船队发现了南极的南设得兰群岛；二是根据《1421：中国发现世界》书中的论述，中国明代郑和船队于 1422 年发现了南极的南设得兰群岛，并登上了欺骗岛。

罗阿尔德 · 阿蒙森
（1872—1928 年）

挪威极地探险家，通过大西洋和太平洋之间最短的航道——西北航道的第一人，也是踏上南极点的第一人。

阿蒙森的极地探险经验丰富，他选择在罗斯冰架上扎营，并断定爱斯基摩犬是南极最好的运输工具，既可以抵御南极的寒冷，还能在必要时刻充当食物。

1911 年 12 月 13 日，阿蒙森写道：帐篷里的气氛就像重大节日的前夕。第二天下午，他们站在了南极点上并插上了挪威国旗。

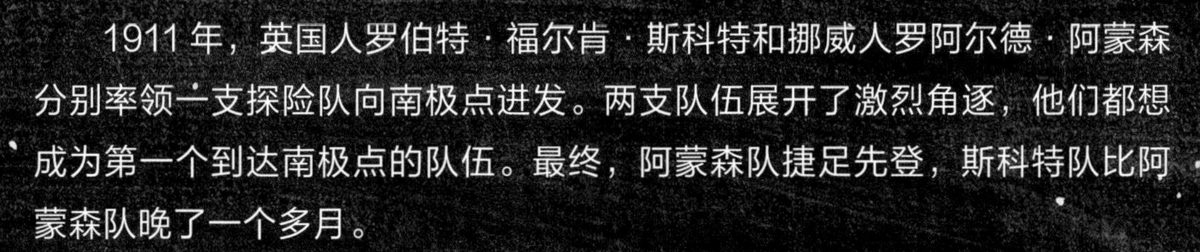

1911 年，英国人罗伯特·福尔肯·斯科特和挪威人罗阿尔德·阿蒙森分别率领一支探险队向南极点进发。两支队伍展开了激烈角逐，他们都想成为第一个到达南极点的队伍。最终，阿蒙森队捷足先登，斯科特队比阿蒙森队晚了一个多月。

阿蒙森用狗拉雪橇，斯科特和他的队员们却是自己拉雪橇，耗费了大量的能量和力气。虽然斯科特队之后也成功到达南极点，但大部分队员却在返回途中遇难。

罗伯特·福尔肯·斯科特
（1868—1912 年）

英国海军军官和极地探险家，发现并命名了爱德华七世半岛，到达南极点。

1911 年 6 月 1 日，斯科特带领探险队离开英国，向南极点进发。出发前，斯科特探险队在运输工具上做了大量准备，他们还带来了先进的雪地摩托，但这种雪地摩托性能很不稳定，刚跑出 80 千米就不能用了。

更不幸的是，他们在返程途中遭遇极强的寒冷低温，斯科特队因供给不足。在严寒中苦苦拼搏了两个多月，最终斯科特和大部分队员因体力不支而长眠于皑皑冰雪中。

南极有居民吗？

一直以来，除了各国的科考队员和一些短暂停留的观光游客，南极是没有人类长期居住的。因为南极没有商业，没有城镇，条件和环境都很艰苦，居住几个月或一两年的居民的唯一“定居点”是科考站。所以南极没有永久居民。

如果你想去南极洲定居，你要证明自己完全可以养活自己，有合理的理由去南极洲，并且你的所作所为将几乎不会对南极洲的环境产生影响，你还需要确切地说明你将如何做你要做的事。否则你的“定居”行为，将是违法的。

20 世纪 70 年代末到 80 年代初，智利和阿根廷会将一些临产的妇女送到南极，目的是让她们的孩子在南极出生，成为“南极人”。

1984 年 11 月 21 日，在南极乔治王岛的智利空军基地，小胡安诞生了，全名胡安 · 巴勃罗 · 卡子乔 · 马蒂诺。他是世界上第一个在南极孕育出生的婴儿。如果按照出生地就是孩子的国籍这一惯例，小胡安应该是世界上第一位“南极公民”。中国长城站的科学家还参加了小胡安的一周岁生日聚会。

截止到 2022 年，一共有 11 名婴儿在南极出生。

南极看“泰山”

科学家们在南极的科考项目包罗万象，比如给南极冰山体检、查看南极的污染情况、寻找陨石、研究南极生物，等等。

高爷爷，科学家们在南极都研究什么呀？

中国南极科考站位置

长城站：中国在南极地区建立的第一个科考站。

中山站：中国在南极大陆上的第一个科考站，是我国南极科考的“大本营”。

泰山站：中国第四个南极科考站，主要在夏天使用。

昆仑站：中国首个南极内陆考察站。

罗斯海新站（拟建）：2018 年 2 月在恩克斯堡岛正式选址奠基并开始建设。

主体建筑采用抗强风、暴雪、酷寒、冻融、冻胀、强紫外线照射、盐蚀的建筑材料。

二层：

生活层，正中间为一个较大的圆形客厅，供科考人员吃饭、开会、学术讨论用。客厅顶部的灯可模拟自然光的昼夜变化，减少南极极昼现象对人体机能的影响。客厅外围配有宿舍以及洗漱间。科研人员的宿舍是上下铺的铁床，宿舍中间放置着写字桌。

墙体有很多层，外层是保温板，夹心层是保温棉，里层还要有防火板、装饰板，厚度近 1 米。

一层：

设备层，供电等设备在这里运转，是维持全站生活的基础。同时这里也是仓库，用于储存物资。

泰山站的主体建筑，外观看上去就像中国的传统灯笼，底部架空，框架采用轻金属材料，主体建筑面积约 410 平方米。

南极洲被发现之后，吸引了不少国家的科学家们踏上这片白色大陆，并开展科学考察活动，建立南极科考站。到 2022 年为止，共有 30 个国家在南极建立科学考察站。中国南极科考站包括长城站、中山站、昆仑站和泰山站。

下面我们就去泰山站一探究竟吧！

带你看“南极三美”

到了南极，怎么能不好好地欣赏下南极的美景呢？南极有三美：日出日落、冰山、企鹅。我们一起来欣赏一下吧！

日出日落

一般说来，我们看见的日出是太阳慢慢升起，天空逐渐明亮；日落则相反，太阳慢慢落下，天空越来越黑。而南极的日出日落可不是这样。日出时，太阳在海平面以下，天空微微亮；等到太阳慢慢升起，天空则逐渐变黑，特别是太阳刚刚升起到海平线上时，天空最为黑暗。日落则相反，太阳刚刚接近海平线时，天空最黑暗，而当太阳刚刚落下海平线时，天空却变得微明了。

南极小课堂

“奇怪”的日出日落

在南极，日出时的太阳在刚刚接近海平线时，由于冰雪表面对阳光的反射，天空微明；而太阳升至海平线高度时，由于南极空气非常清洁，阳光通过大气时，几乎不产生折射、衍射和散射，因此只能看见太阳的直射光，太阳周围就变黑了。日落也是这样的原理。

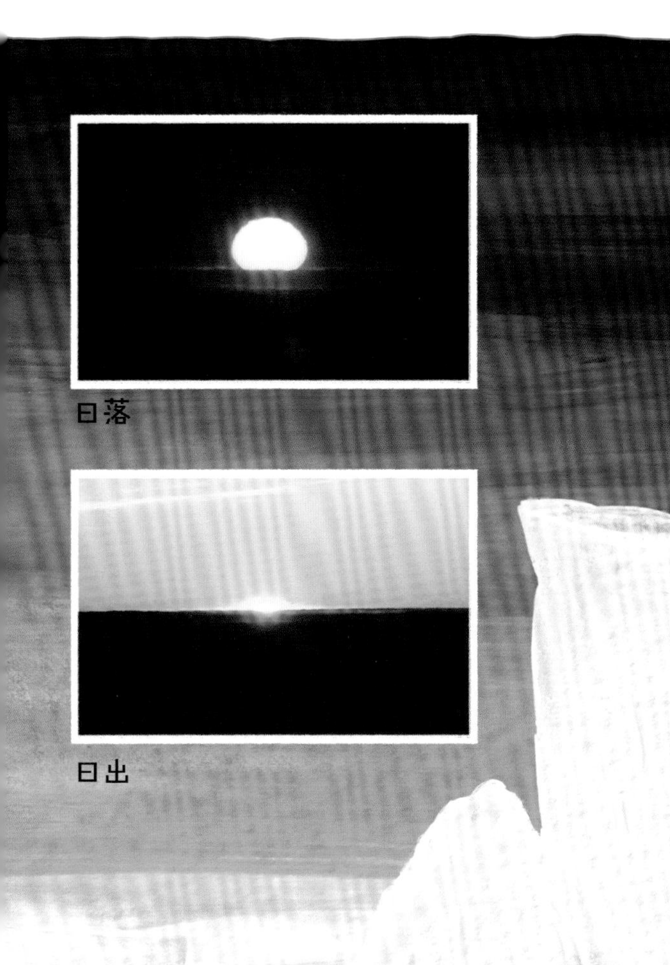

日落

日出

冰山

南极的冰山是南极冰盖崩塌下来的固体淡水。南极冰山体积大、面积大，1992 年记录到一座面积最大的冰山，其面积相当于中国浙江省那么大。南极冰山的外观以长方体样子的“桌状冰山”为主，也有形状奇特的冰山，比如顶部看上去是锯齿状的不规则冰山或顶部是圆形的圆形冰山等。

人见人爱的王企鹅

生活在南乔治亚岛的王企鹅，可谓人见人爱。王企鹅是企鹅中外形最美的，它们成年后身高约 90 厘米，体重约 20 千克，脖子上有两块美丽的黄色毛区。它们也是公认的最讲卫生的企鹅，因为它们会在南乔治亚岛周围的海水中排泄粪便，而不会排泄在居住地附近。人们更愿意走近王企鹅居住的地方，与它亲密接触。王企鹅来来往往于海滩与海水之间，展现它们的美丽舞姿。

再见南极

随着远处邮轮传来的汽笛声，我们这次的南极探险之旅就结束了。小朋友们要牢记：人与自然是生命共同体，人类必须尊重自然，顺应自然，保护自然。人类只有遵循自然规律才能在开发并利用自然时少走弯路，人类对大自然的伤害最终危害到的是人类自己。

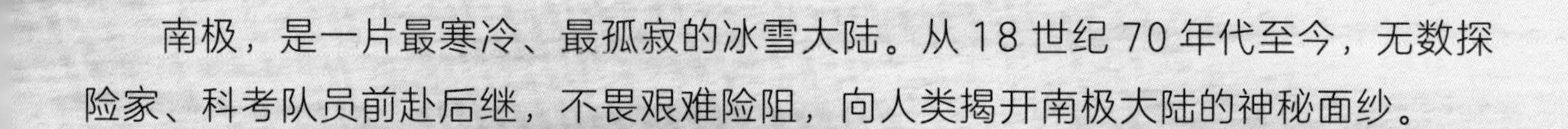

南极，是一片最寒冷、最孤寂的冰雪大陆。从 18 世纪 70 年代至今，无数探险家、科考队员前赴后继，不畏艰难险阻，向人类揭开南极大陆的神秘面纱。

★ 詹姆斯·库克：率领船队穿越南极圈，这是人类第一次穿越南极圈。
★ 詹姆斯·克拉克·罗斯：第一个发现南极罗斯海区域的人。
★ 埃奇沃斯·大卫：第一个到达并发现南磁极的人。
★ 白濑矗：在南极大陆第一次刻上非白种人的名字。
★ 理查德·伊夫林·伯德：第一个以飞行方式到达南北极的人。
★ 秦大河：中国第一个徒步横穿南极大陆的人。

作者 高登义

中国科学院大气物理研究所研究员、博士生导师、中国科学探险协会名誉主席，享受国务院政府特殊津贴。中国大陆完成地球三极（南极、北极和青藏高原）科学考察第一人，先后组织并参加地球三极科学考察近四十次。

作者手记

《左手南极，右手北极》（探险篇）完稿了，但我觉得意犹未尽，总还想跟孩子们交流点什么。

我曾经十九次去北极进行科学考察和科普考察，其中，2007 年作为北京市高二学生的北极科普考察的科学顾问的那次北极之旅，最令我难忘。那是科学家与青少年北极科普实践的尝试，是科学家把北极科学考察研究的思想和方法在实践中传递给孩子们的过程。

我们共同目睹北极熊捕鱼求生的过程，一起交流北极熊捕鱼求生的原因是北极浮冰面积减小和人类大量捕杀海豹，它们才主动改变自己的捕食习惯，选择其他容易捕食的生物，逐渐求得生存与发展。

孩子们感叹：人与其他生物相似，都要学会在气候环境不利的情况下适应环境变化才能求得生存。

又如，当孩子们在北极科普考察过程中时时事事都得自己动手，常常要攀登岩石、采集标本、科学保存标本。孩子们从心里懂得，在北极大自然面前，我们是渺小的一份子，我们要学习的东西太多太多，要反思自己的事情太多太多……

亲爱的孩子们，读了这本科普书后，你们是否也跃跃欲试走进南极和北极，去亲近大自然，认识大自然和自己呢?

2022 年 9 月

小朋友们，美丽的北极正向你们招手，
快来和我一起踏上去往北极的旅行，
和那里的原住民一起看捕鱼、观极光，
和北极熊做邻居……

让我们出发吧！

欢迎踏上北极之旅

左手南极，右手北极

右手北极

·探险篇·

跟着高爷爷去探险

高登义 / 著　〔波〕奥尔加 · 鲍默特　〔英〕伊莎贝拉 · 费伊 / 绘

云南出版集团　晨光出版社

为什么要去北极？

1999 年，中国首次派出北极科学考察队，他们乘“雪龙”号破冰船，从上海出发，两次进入北极圈进行大规模综合科学考察。

因为，北极对我们非常重要！

北极当然对于全世界也很重要，尤其对于中国更重要。

北极地区的冰雪变化与全球气候环境变化关系密切。中国距离北极地区较南极地区要近得多，因此与中国气候环境变化的关系更密切。小朋友们，你们知道吗？我国冬天经常遭遇的寒潮，几乎都是来自北极地区。由于北极地区离中国较近，因此我们去北极科学考察的费用比去南极地区低一些。

而且，和南极地区不同的一点是，除了斯瓦尔巴群岛及公海外的北极地区几乎都有归属国，因此，这里的资源利用就受限了。我国在《中国的北极政策》白皮书指出，根据有关国际公约，中国享有在北极公海资源开发的权利。

这次，小朋友与我一起去了解北极，感受独特的北极文化吧！

高登义

这次考察奠定了中国在北极地区三个主要研究项目

① 北极地区在全球变化中的作用以及对中国气候的影响；

② 北冰洋与北太平洋水团交换对北太平洋环流的变异影响；

③ 北冰洋临近海域的生态系统、生物资源，以及这些海域对中国渔业发展的影响。

出发前的准备

北极包括以北冰洋主体部分和被部分陆地或岛屿包围的地区。北冰洋面积约 1300 万平方千米，与南极大陆面积几乎相同。由于北大西洋暖流流经北冰洋海域，因此，北极地区的环境与南极截然不同，它有相当广阔的绿洲，绿洲里不仅有漂亮的花草，还有茂密的森林。相对南极而言，北极的夏天远比南极的夏天暖和，风也没有南极那么大。

北极小课堂

★ 签证

北极圈以内有俄罗斯、美国、加拿大、丹麦、冰岛、挪威、瑞典、芬兰共八个国家。如果从丹麦、冰岛、挪威、瑞典、芬兰到达北极，办理申根签证即可；如果从其他几国登陆，则需要办理该国的签证。

★ 时差

我们通常会选择从北欧三国（挪威、丹麦、瑞典）去北极，这些地方的时间比北京时间慢 7 小时。

★ 货币

欧元或北极元。

★ 出发时间

7~9 月，此时正是北极的夏天，这里有茂密的森林和广阔的绿洲，还能看到很多北极动物。

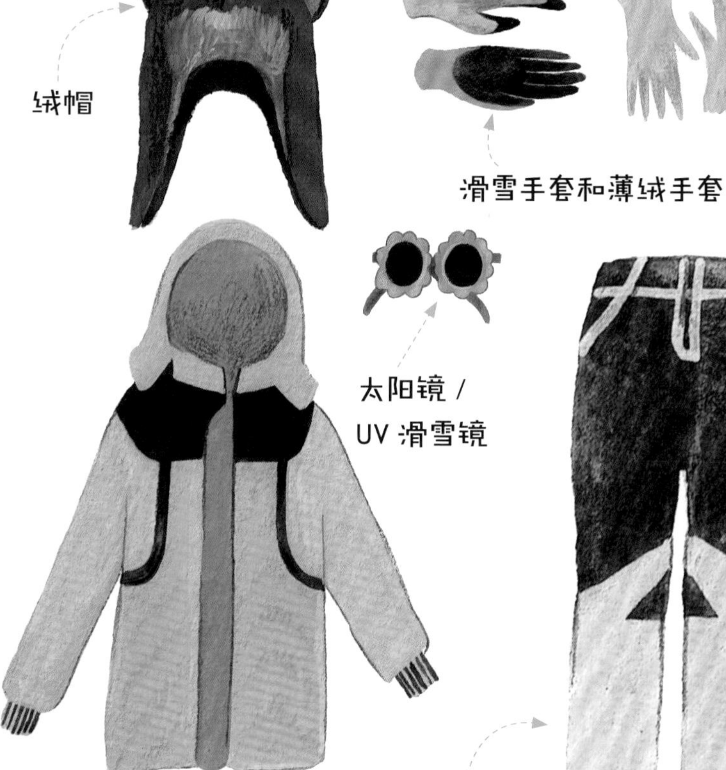

北极探险航线图

格陵兰岛

全世界最大的岛。如果将格陵兰岛看成一个国家的话，那么它的面积在所有国家中排名第 12 位。这里是全世界人口密度最低的地区，然而却是野生动物的天堂，也是麝牛的重要栖息地。

我才是真正的麝牛。

气候变暖，导致北极冰川融化和分离，我们住的大冰面很多也分裂成了小块。

斯瓦尔巴群岛

该群岛被公认为是北冰洋的门户，包括斯匹兹卑尔根岛、东北地岛、埃季岛等岛屿组成，同时也是前往北极点的出发地。这里常住人口 2600 人左右，还不如生活在这里的北极熊数量多，所以我们很容易在这里观察到北极熊的生活状况。

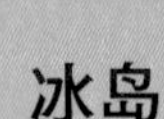

冰岛

全称冰岛共和国，是北极三岛中纬度最低的一个，也是世界上最适宜居住的国家之一。冰岛不仅有磅礴无际的冰川，还有令人震慑的火山，是一座“冰与火之岛”。人们可以在这里泡温泉，也能拍摄到绝美的北极风光。

北极小课堂

冰岛为什么有这么多火山？

岩浆在高温高压下，会从地壳薄弱地带喷涌而出，这种现象就是火山喷发。冰岛位于欧亚板块和美洲板块的交界处，且为高纬度地区，这里地幔内岩浆比地球上绝大多数地方距地表都近。地幔的热物质容易流出堆积，所以形成了火山多的情况。

我们这次去北极考察，走的将是北极三岛航线：斯瓦尔巴群岛—格陵兰岛—冰岛。

从斯瓦尔巴群岛的州政府所在地朗伊尔城乘船出发，去往斯瓦尔巴群岛中最大的岛屿——斯匹兹卑尔根岛，一路能看到壮丽的冰川以及北极霸主北极熊。乘船沿着斯瓦尔巴群岛的西海岸行驶，可以看到更多的北极动物，比如在岸边晒太阳的海象、黑白分明的北极候鸟、可爱的北极狐……行驶到斯瓦尔巴群岛的新奥勒松，在这里参观北极国际科学考察站，其中就有中国的黄河站。之后，我们将离开斯瓦尔巴群岛驶向格陵兰岛，在格陵兰岛东海岸的斯科斯比松登陆。在此峡湾区域考察 3 天后，航行到冰岛。

你们猜一猜，在北极科考和探险时，人们面对的最大危险是什么？是寒冷，还是冰缝？都不是，而是北极熊！因此，我们到了北极，除了要遵守与南极相同的安全守则之外，更要注意防避北极熊的袭击。

北极防熊指南

高爷爷的防熊办法：

之前有人告诉我，他们听说遇到熊时可以屏住呼吸，一动不动地躺在地上装死。熊只要嗅嗅你没有生命气息，它就走了，因为熊是不吃“死食”的。而在北极，这么做就大错特错了。如果有人真的用了这个方法，那他可就回不了家了……

北极熊是吃人的！遇到北极熊，最好是躲，躲不了最好是吓走它，总之不到最后一刻不要与北冰洋的“霸主”和“主人”发生任何冲突。

在斯瓦尔巴群岛首府朗伊尔城，有很多条规定近乎苛刻，而苛刻背后的潜台词都是：当心北极熊！例如，任何人只要跨过城市边界，都要带枪；建筑物临街的大门不能上锁，以备有人被北极熊追赶时就近避难，而北极熊只会推门，不会拉门，所以门要朝外开；如果你是斯瓦尔巴大学的新生，老师教你的第一堂课往往不是专业知识，而是如何面对北极熊。

我们在此次北极探险期间，一定要听从向导的指挥，他们会提前踏勘附近是否有北极熊，全程陪护你前往目的地，并限定时间。在北极熊的领地里，我们要严格遵守当地的各项法律法规。

谁发现了北极？

人类发现北极的历史非常早。据俄罗斯科学家研究指出，早在 4.5 万年前，古人类就已经生活在北极地区，过着狩猎采集的生活。

几个世纪以前，人们就开始了在北极的探险。1886 年，美国探险家罗伯特·埃德温·皮里开始了第一次极地旅行。直到 1909 年 4 月 6 日，皮里经过周密部署，终于成功到达北极点，成为第一个到达北极点的人。

最早来到北极地区的中国人是康有为和他的女儿康同壁，他们曾于 1908 年 5 月到达斯瓦尔巴群岛的那岌岛（北纬 84 度附近）。康有为还写了“携同壁游挪威北冰洋那岌岛夜半观日将下末而忽升”一诗。

罗伯特·埃德温·皮里
（1856—1920 年）

美国海军中校、探险家，第一位登上北极点的人，证明了从格陵兰到北极不存在任何陆地，整个北极都是被一片坚冰覆盖的大洋。

1908 年 7 月，皮里乘坐“罗斯福号”轮船，发起了第四次也是最后一次向北极点的远征。这次旅程共有 22 个人同行，包括船长、医生、秘书和一直追随他的黑人助手汉森。另外还有 59 个爱斯基摩人和带的 246 条狗。一路上飞雪狂卷，冰山起伏，无数冰川裂缝，气温低至零下五六十度……皮里克服重重困难，途中分批遣返同行人员，在离北极点还有 214 千米的地方，他带着汉森和 4 个爱斯基摩人做最后的冲刺，最终徒步到达北极点。

到因纽特人家里做客

以前，北极地区的土著居民常被称为爱斯基摩人，这种说法来自他们的敌人，翻译过来是“吃生肉的人”的意思。所以他们非常不喜欢这个称呼，而是称自己为因纽特人，意思是“英勇的人”。

当然，随着时间推移，因纽特人的生活习惯发生了很大变化。他们已经不是以吃生肉为主了，也不像他们的祖先那样住在冰洞里。现在因纽特人的家和我们的家基本没什么区别，有很多现代化的设备，家里也都有电视、电脑、冰箱等。传统的出行方式——狗拉雪橇，也大都被雪地车和越野车取代。

以前

现在

北极小课堂

大概 3 万多年前，古人已经开始涉足北极这片寒冷的土地了。据统计，北极地区的土著居民来自 17 个不同的民族。国际社会对北极土著居民作了分类，他们包括：文普赛人，阿连伍德人，涅涅茨人，坎德人，奥路奇人，阿留申人，因纽特人，萨米人，欧罗吉人，多尔干人，安其人，乌里奇人，楚科奇人，勘察加人。

其中我们最熟悉的应该就是因纽特人了，他们的居住地分散在加拿大北部、阿拉斯加和格陵兰岛，祖先是蒙古族，约一万年前他们跨过白令海峡迁移到北极。

北极有“黄河”

1991年，高爷爷应挪威卑尔根大学邀请，参加了由挪威、苏联、中国、冰岛四国组成的国际北极科学考察。考察中，卑尔根大学教授Y·叶新赠送给高爷爷一本《北极指南》，其中刊载了《斯瓦尔巴条约》的原文。条约规定，中国已经于1925年成为该条约的成员国，可以在北极斯瓦尔巴群岛建立科学考察站等。高爷爷把条约原文带回了祖国，并向相关部门积极宣传，最终促进我国建立了中国北极黄河科学考察站。

北极小课堂

黄河站是一座二层小楼，包括实验室、办公室、阅览休息室、宿舍、储藏室等。在小楼的顶部有五个小“阁楼”，是北极科学考察中的重要设施——极光光学观测平台。每年春天到秋天，不同学科的科考队员根据任务需要轮流上站开展考察。当极夜来临，黄河站上会有1—2名极光观测队员上站考察；其他时间，站上没有考察队员，但有设备自动观测。

乘坐挪威极地邮轮“北极星”号，从挪威斯瓦尔巴群岛首府朗伊尔城出发，大约经过一天时间，到达群岛北部的新奥勒松码头。远远望去，蓝天白云和雪山海湾之间，耸立着一座两层的褐红色建筑，那就是黄河站了。

黄河站建成于 2004 年 7 月 28 日，是中国建立的首个北极科考站。中国也由此成为第八个在新奥勒松建立科考站的国家。

北极科考与南极科考的不同

实际上，南极是比北极更容易抵达和进行科考的地区。

北极并不欢迎人类。每年只有包括科考人员在内的 1000 多人登上北极冰原，而登上南极大陆的人数每年大约有 2 万。北极的主体是北冰洋，也有一些岛屿，但如果要在北极冰盖进行科学考察，人们只能乘坐直升飞机或科考破冰船到达。

一起看北极三宝

绿洲

北极地区，尤其是在我们的考察路线上，人们很容易在夏天看见北极冰雪世界中的绿洲，这是南极地区所没有的。在格陵兰岛的西海岸和东海岸遍布着蒲公英，洁白的雪绒花在寒风中怒放。北极的桦木贴地生长，宛如灌木，各种红色、粉色的花丛，镶嵌在绿色的草甸中，令人流连忘返。

“北极形象大使”——北极熊

如果要给北极找一个形象大使，那非北极熊莫属。近些年来，去北极参观的人越来越多，加上北极熊钟爱的食物——北极海豹被大量捕杀，因此，北极熊非常愿意亲近人类，希望借此获得好吃的。不过按照规定，人类不能给北极熊投放食物。

北极光

作为一种大自然的天文奇观，北极光常出现在冬天的北极圈内，颜色通常是绿色，有时也会出现蓝色、紫色、粉色。地球的磁场是北极光形成的原因，是一种出现在北极的高磁纬地区上空的一种绚丽的发光现象。

再见北极

北极之行就要结束了，高爷爷和小朋友也要回家啦。在离开北极前，别忘了尽自己所能来保护我们的北极：

★ 请勿带走北极的石头、骨头、鹿角、浮木、货物等任何物品。

★ 尊重当地文化。这里的大部分小城镇和定居点都不通道路，一年中大部分时间都不与外界联系。所以，当地人对外来游客和船只感兴趣，也很友好。不过，我们要注意尊重当地人的隐私，与私人住宅保持一定的距离，未经许可切勿拍摄私人住宅和当地人。

★ 不要采摘花草或其他植物。保护植物和植被，不要自行开辟道路，也尽量避免踩踏植物。

这次“北极”摄影特展，通过影像的方式向我们生动、真实地展现了北极历史与人文。

生活在北极的居民在我们认为恶劣的环境下，丰富多彩地生活着，不但创造了独有的文化美学，还创新地利用可用的自然资源为自己服务。

走吧，咱们该回家了。
这次来北极可太好玩了，明年夏天的时候我要再来一次！
再见，远方的朋友们，请把我们的祝福一同带走。

高爷爷在极地

高登义在北极（2013 年）

高登义在北极用红外线测距（1991 年）

高登义在南极中山站建站中（1989 年）

高登义（右）与挪威卑尔根大学 Y. 叶新教授
在北极浮冰上考察（1991 年）

高登义（中）与挪威科学家在北极考察（1989 年）

高登义在南极中山站与企鹅合影（1989 年）

高登义在建设中的南极中山站旁与被冰山包围的
“极地号”考察船留影（1989 年）

小朋友问 高爷爷答

关于作者和南北极你不知道的那些事

关于高爷爷的6个问题

高爷爷，您大学的时候是学什么的呢？为什么会想要学这个？

我学的专业叫“大气物理学”，这个专业主要是研究地球大气的物理现象和演变规律，属于地球科学部分。

我研究的范围是地球表面以上到 80 千米以下（即包括地面到 18 千米的对流层、18~50 千米的平流层、50~80 千米的中间层）的大气物理特性及其运动规律。其中，对流层大气与人类生命活动关系最密切，与人类日常相关的天气与气候变化都发生在对流层。平流层的臭氧变化直接影响人类环境状况，中间层的大气特点与变化规律则与航天事业紧密相关。

当年，我们在大学学习时，不是自己选择专业，而是听从国家分配。不过我在学习中，尤其是毕业后参加地球三极科学考察过程中，逐渐发现了这个专业对祖国的建设和人类活动都能做出很大贡献。例如，珠穆朗玛峰天气变化规律不仅仅与其攀登者关系密切，而且对祖国经济的可持续发展有重大的意义；雅鲁藏布大峡谷向青藏高原内地输送水汽的规律与青藏高原东南部的天气气候、环境变化、人类活动紧密联系；研究南极、北极冰雪变化有利于帮助祖国预警极端气候所带来的灾害……

在工作中我愈发热爱我的专业，可以说，大气物理学是极其重要的指导地球三极科学考察的学科。

您第一次去南极考察是什么时候，去做了什么呢？

1984 年，我第一次参加了南极科学考察，工作持续了大约一年的时间。

第一次参加南极考察，我关注的主要科学问题是：春季南极臭氧变化与南极平流层爆发性增温的关系，青藏高原臭氧变化和南极臭氧变化规律有什么异同。

我发现，在春季（冬季过渡到夏季）时，青藏高原和南极在平流层、对流层的爆发性增温过程截然不同：青藏高原是从对流层开始增温，然后逐渐从对流层（地面到18千米）向上传递到平流层（18~50 千米）；南极则相反，是从平流层开始增温，然后逐渐从平流层到对流层向下传递。究其原因，南极的春季爆发性增温是由于平流层的臭氧含量突然增加而引起的，而青藏高原的春季爆发性增温是由于地面气温突然升高而引起的。

那您又是什么时候去北极进行考察的，为什么要去呢？

我是 1991 年 7—8 月应挪威卑尔根大学邀请，参加了国际北极科学考察。

在科学观测研究上，我发现北极海域海冰面积和厚度的变化对北极气候影响很大，这是因为海冰对海水的覆盖能影响到极地海水—海冰—大气之间的热量和水汽交换。

同时，我发现了刊载在《北极指南》上的《斯瓦尔巴条约》原文，并得知中国在 1925 年已经是《斯瓦尔巴条约》的成员国，找到我国在北极建站的法律依据，这促进了我国提早建立了中国的北极科学考察站。

· 挪威出版的《北极指南》

SVALBARD TREATY OF 9 FEBYUARY 1920("Svalbard Constitution")

TREATY BETWEEN NORWAY, THE UNITED OF AMERICA, DEMARK, FRANCE, ITALY, JAPAN, THE NETHERLANDS, GREAT BRITAIN AND IRELAND AND THE BRITISH POSSESSIONS OVERSEAS AND SWEDEN CONCERNING SPITSBERGEN.

The treaty was ratified by all the signatory powers mentioned, and the ratification documents were deposited in Paris at the following times: the Netherlands 3 September 1920, Great Britain 29 December 1923, Denmark 24 January 1924, United States of America 2 April 1924, Italy 6 August 1924, France 6 September 1924, Sweden 15 September 1924, Norway 8 October 1924, Japan 2 April 1925.

The treaty came into force in its entirety 14 August 1925.

The treaty has later been subscribed to by: Belgium, Monaco, Switzerland, China, Yugoslavia, Rumania, Finland, Egypt, Greece, Bulgaria, Spain, Germany, Hejaz, Afganistan, Dominican Republic, Argentina, Portugal, Hungary, Venezuela, Chile, Austria, Esthonia, Albania, Czechoslovakia, Poland and the Soviet Union.

(摘自挪威极地研究所和挪威水文服务中心 1988 年 5 月出版的《北极指南》)

· 在《北极指南》中刊载的《斯瓦尔巴条约》

极地考察环境那么艰苦，您面临过哪些困难，又是如何与其他科考队员们一起解决的呢？

在1988—1989年的南极中山站建站过程中，自然环境给建站带来了很大困难。我们的考察船是一艘旧货船，在接近南纬60度时船头被海冰撞破了一个七百多平方厘米的洞，离水箱只有不足三米，如果继续扩大，考察船就会有沉没的危险，我们不得不小心翼翼地驾驶着带伤的考察船奔赴目的地。航行中我们还遇到了南极大海冰，考察船被海冰阻挡了二十天；快到目的地时，极其罕见的南极冰崩又围困了我们的考察船七天，我们整整耽误了二十七天，又面临考察船沉没的可能性。

然而，我们的科考队员们并没有灰心，大家牢记祖国建站使命，不忘初心，不怕困难，夜以继日地拼命建站，终于按时完成了中山站建站任务。

① 南极浮冰撞破了“极地”号考察船船头
②“极地”号考察船被南极浮冰与冰山围困
③ 高登义和其他科考队员们竖立在南极中山站的南极中山站纪念碑

您在南极和北极考察中，经历过最有趣的一件事分别是什么呢？

在一次北极考察中，我幸运地看到了北极熊与人类互动的画面。

那是在2014年夏天，我们带领一群高二的学生赴北极斯瓦尔巴群岛考察，亲历了北极熊“乐于助人”的故事。

· 同学紧靠船舷拍摄北极熊

那一天，晴空万里，北极斯瓦尔巴群岛东北部的浮冰上有几头北极熊在活动。我们的考察船慢慢靠了过去。船上的同学们见到北极熊，非常兴奋，立刻来到离北极熊最近的船舷拍照。在拍照中，一位男同学不小心把相机的遮光罩掉在了浮冰上，一位女同学的一只手套也掉了下去。

当同学们一筹莫展时，一头北极熊把男同学的遮光罩捡回来了，并抬头望向大家，仿佛在问：“谁那么不小心？”随后，它又把女同学的手套捡了回来，然后就跑走了。

事后，同学们议论纷纷，有的夸北极熊“助人为乐”，有的认为北极熊的智商高。

在南极，由于人们都喜欢企鹅，因而我更关注企鹅的活动。

2005年3月，我在南纬62度附近的阿德利企鹅家园里，看到了小企鹅等待企鹅妈妈喂食的全过程。

有两只小企鹅把嘴伸向妈妈嘴边讨吃的，企鹅妈妈立刻下到水里捕食。不到几分钟，企鹅妈妈回到岸上，嘴对嘴地喂孩子。企鹅妈妈反刍喂孩子的白丝清晰可见。两个小企鹅好像没有吃饱，它们又把嘴巴伸向企鹅妈妈的嘴巴，企鹅妈妈立刻又下水了。那场面真是温馨！

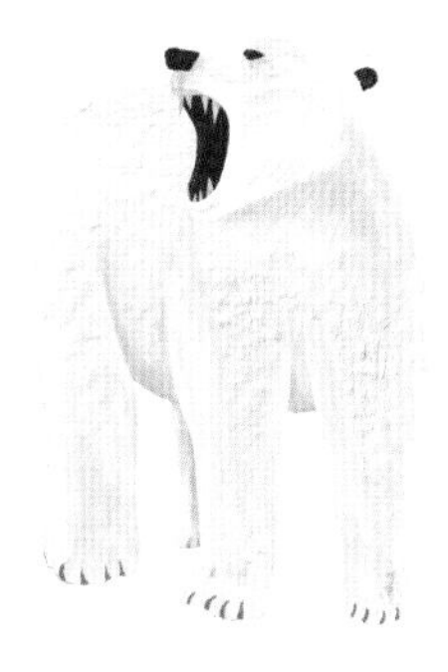

① 北极熊把男同学丢失的相机遮光罩捡了回来
② 北极熊把遮光罩平平整整地放在雪面上
③ 北极熊捡回女同学的手套

④ 企鹅妈妈捕食后反刍喂小企鹅
⑤ 小企鹅嘴巴伸向妈妈的嘴巴，仿佛还没吃饱

我们希望长大后能像您一样，成为一名极地科考人员，您能给我们一些建议吗？

衷心欢迎热爱极地科学考察的小朋友们加入我们的行列！

当然，要想加入极地科学考察行列，必须明白去极地科学考察是为了科学利用极地资源。什么是科学利用极地资源呢？首先要认识极地自然环境特点及其与全球自然环境之间的关系，尤其是与我国自然环境的密切关系，从而为我国可持续发展提供科学依据；其次，弄清极地的资源及对其科学利用的可能性，为我国及全球可持续发展提供科学依据。

除此以外，当一名科考人员还要拥有强健的身体、牢固的科学基础知识和野外生存的能力。小朋友们从小就要强身健体、广泛学习，这样无论长大以后做什么都可以胜任。

关于南北极的5个问题

1. 为什么南极会有那么多陨石？

实际上，陨石落在南极并不比落在地球其他地方的概率更高，只是因为在其他地方，陨石极容易被风化掉，又难以被发现。而陨石落在南极后，会受到厚厚的冰层保护，随着冰川运动，冰层中的陨石慢慢被推送到地面附近，最终露出地表，而且往往比较集中地出现在一些特殊地形区域。比如格罗夫山一带，有时一找就是“一窝”，也就是在一个不大的范围内，可以找到数十块陨石。

不过找陨石也得有经验，否则就像大海捞针。但再老练的科考队员，出门找一天陨石也够受的，除了在严寒中弯腰太多次导致腰酸背痛外，眼睛也会因为持续疲劳和雪地反光而疼痛流泪。

我国科学家中最早拾得南极陨石的是中国科学院地质学家刘小汉研究员带领的考察团队。目前，中国科学家已经在南极拾得一万多块陨石。

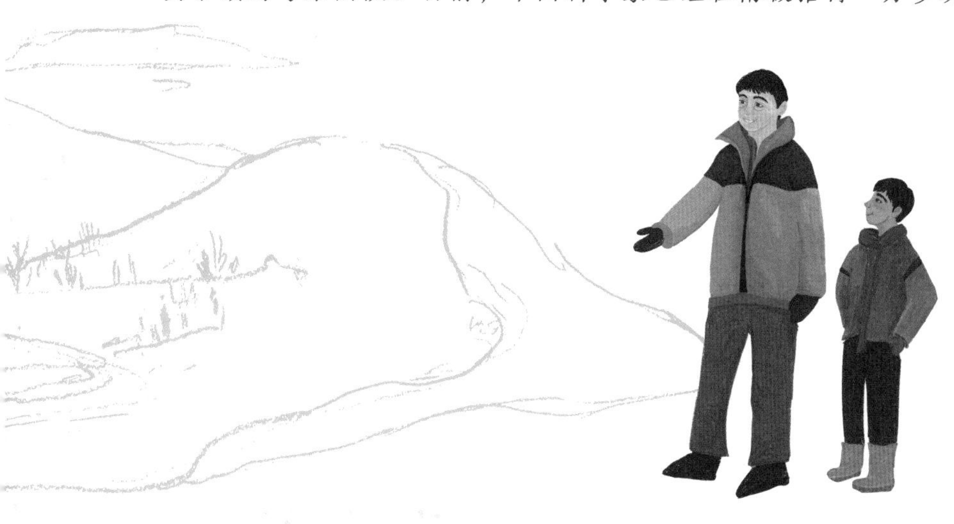

2. 为什么要在地球末端的冰雪大陆南极上建立一座又一座科考站呢?

其实不止中国，全世界凡是有一定实力的国家，几乎都开展了南极考察活动。

就像奥运会一样，各国在南极也开展着某种“竞赛”，有人甚至把这称为“新圈地运动”。虽然国际条约约定，南极属于公共之地，不属于任何国家或个人，但如果你在南极没“根据地”、没有做任何工作，那么在南极事务中就缺乏发言权。这片寒冷的冰雪世界，蕴含着极其丰富的资源，每个国家都希望有自己的一席之地。

· 中国南极昆仑站

· 中国南极泰山站

3. 为什么说在南极建站更难?

在南极建科考站，就意味着在南极立住了脚，但这需要硬实力。

泰山站建在南极内陆的伊丽莎白公主地，这里冰盖海拔 2621 米，距离海岸 500 多千米。这里全年平均温度是 -36℃，夏季极昼、冬季极夜，8 级到 10 级的大风是家常便饭。

且不说设计施工，把建站所用的上百吨物资运到目的地就相当困难。建站物资是在国内设计生产的，由科考船送到位于南极大陆边缘的中山站，再由一队雪地车把人员和建材，连同所需的所有食品、燃料等必需品从中山站运到建站位置。

在国内，500 千米的距离不算太远，动车两个小时就能到。但在南极，没有道路，需要自带补给，救援困难，车队冒着风雪在无人的冰原上跋涉，就算每天马不停蹄地行进 14 个小时，也只能走 70 千米。

建造泰山站有点像拼接大号的乐高玩具。这些建筑部件都会被事先编好号码，每个部件都有专人负责。在运到南极前，工人们还要在国内排练——把这些部件拼装起来，再拆卸开，还要打包自己负责的部分。等物资和人员到达建站位置，直接开包拼装。

由于自然条件恶劣，在南极内陆地区能工作的时间特别有限。然而这个“大灯笼”，只用了 50 多天就建成了。建设期间，工人们两个月不能洗澡，也不能洗衣服，每天吃的都是加热的航空食品，新鲜蔬菜水果是无比奢侈的食物。

· 科考队员运送物资

4. 因纽特人在北极用不用冰箱?

住在北极地区的因纽特人也会使用冰箱,但他们并不是用冰箱来冷藏食物,而是用来防止食物结冰或是被冻坏。

比起冰箱,因纽特人更常用的是冰窖。按照传统,因纽特人会在永冻土层里手工挖掘冰窖。冰窖全年保持低温,用来保存鲸鱼、海象和其他可食用的肉类。冰窖中的食物两三年后依旧可以食用,而且用冰窖储存过的陈年鲸鱼肉,深受因纽特人喜爱。

5. 为什么北极航道如此重要?

北极地区拥有着巨大的地缘和军事价值,随着北极冰层的融化,北极地区有可能出现两条新的航道,将会取代巴拿马运河和苏伊士运河,成为联系东北亚到西欧和北美洲的最短航线,到时候各国之间的贸易也会因此更加顺畅,同时还能节约大量的运输成本,这将对世界贸易格局产生深远的影响。而其在军事上的价值更大,如今世界上强大的国家,大多都聚集在北半球,北极距离这些国家都极近,甚至可以说谁能对北极的掌控更多,谁就能够提升自己在军事上的威慑力,在将来就能获得更大的军事主导权。

· 船行驶在北航线

中国南极考察大事记

- 1979—1980 年　受澳大利亚邀请，中国物理海洋学家董兆乾、地理学家张青松参与了南极考察，这是中国科学家在南极科研工作的开端。
- 1984 年　我国派出第一支南极科考队，对南极进行综合考察。
- 1985 年　在南极洲乔治王岛建立中国第一个南极科考站——长城站。中国成为南极条约协商国。
- 1989 年　在南极大陆东部建立中山站。
- 1990 年　科学家秦大河作为“国际穿越南极探险队”的一员，经过200多天徒步跋涉，成为横穿南极的第一位中国人。
- 1997 年　中国南极考察队首次挺进内陆，进行南极冰盖考察。
- 2003 年　中国南极格罗夫山考察队发现陨石富集区，在那里采到大量陨石，使我国陨石拥有量跃升世界第三。
- 2005 年　中国南极内陆冰盖科考队登上了南极冰盖海拔最高地区。
- 2009 年　在南极冰盖最高点建立昆仑站，这是中国首个南极内陆站。
- 2014 年　在南极伊丽莎白公主地建立泰山站。

中国北极考察大事记

◆1951 年 ◆ 武汉测绘学院高时浏教授到达地球北磁极，从事地磁测量工作，成为第一个进入北极地区的中国科技工作者。

◆1958 年 ◆ 新华社记者李楠从莫斯科出发，先后在苏联北极第 7 号浮冰站和北极点着陆，成为第一个到达北极点的中国人。

◆1991 年 ◆ 中国科学院大气物理所研究员高登义应挪威卑尔根大学邀请，参加了由挪威、苏联、中国、冰岛四国共同进行的国际北极科学考察，发现了中国是《斯瓦尔巴条约》的成员国，并带回条约的原文，加快了我国北极建站步伐。

◆1995 年 3 月 30 日至 5 月 11 日 ◆ 中国首次以民间集资方式对北极进行考察。此次共有科学家、记者等 25 人，从加拿大进入北极地区并由冰面徒步抵达北极点。

◆1996 年 ◆ 中国人的第一个北极科学科考站在斯瓦尔巴群岛的朗伊尔宾建成。

◆1997 年 7 月至 9 月 ◆ 中国组织了对北极地区的首次大规模综合科学考察。“雪龙”号极地考察船搭载 124 名考察队员首航北极，对北极海洋、大气、生物、地质、渔业和生态环境等进行了综合考察。

◆2002 年 7 月 ◆ 中国人的第一个北极科学考察站在斯瓦尔巴群岛的朗伊尔宾建成。

◆ 2003年7月

中国组织了第二次北极科学考察。此次考察中，中国首次成功布放了两枚极区卫星跟踪浮标，中国自主研制的遥控式水下机器人也首次下水实验。

◆ 2004年7月28日

中国首个北极科学考察站——黄河站，在挪威斯匹次卑尔根群岛的新奥尔松落成并正式投入运行。

◆ 2010年7月7日至9月20日

中国对北极地区进行了第四次科考。本次科考首次把海洋综合考察和对北极海冰的考察延伸到了北极点。

◆ 2012年7月2日至9月28日

中国进行了第五次北极科考，取得多项突破：首次成功访问北极国家，首次实现由北极高纬航线穿越北冰洋，首次进行冰站作业，首次布放气象观测系统。

◆ 2017年7月20日至10月10日

中国考察队搭乘“雪龙”号从上海出发，历史性地穿越北极中央航道，试航北极西北航道，实现了我国首次环北冰洋调查。

欢迎小朋友们给高爷爷投稿，问出你想问的关于南北极的问题！

官方邮箱：yutian@utoping.cn